Bettina Kühn

Metropolisierung der Erde - Aktuelle Prc

Bettina Kühn

Metropolisierung der Erde - Aktuelle Prozesse und Trends

GRIN Verlag

Bibliografische Information Der Deutschen Bibliothek: Die Deutsche
Bibliothek verzeichnet diese Publikation in der Deutschen Nationalbibliogra-
fie; detaillierte bibliografische Daten sind im Internet über http://dnb.ddb.de/
abrufbar.

1. Auflage 2006
Copyright © 2006 GRIN Verlag
http://www.grin.com/
Druck und Bindung: Books on Demand GmbH, Norderstedt Germany
ISBN 978-3-638-67510-9

Universität Augsburg
Institut für Geographie
Lehrstuhl für Humangeographie und Geoinformatik

Hauptseminar „Stadtgeographie"
Wintersemester 2005/06

Metropolisierung der Erde – aktuelle Prozesse und Trends

Bettina Kühn
6. Semester / Diplom

Inhaltsverzeichnis:

1. Einleitung

Die Erdbevölkerung ist in der zweiten Hälfte des 20. Jahrhunderts in einem bislang nicht gekannten Ausmaß gewachsen. Ihre Zahl stieg in den Jahren zwischen 1950 und 2000 von 2,5 Mrd. auf 6,1 Mrd. an, was einer Zunahme von 244 % entspricht. Das Bevölkerungswachstum findet hauptsächlich in den ärmeren Ländern der Dritten Welt statt. Ihr Anteil macht rund 95 % des gesamten Wachstums aus. Noch sehr viel schneller - um mehr als 400 % - ist im gleichen Zeitraum die urbane Bevölkerung gewachsen. Bei der Betrachtung des weltweiten urbanen Bevölkerungswachstums werden noch evidentere Unterschiede zwischen Industrie- und Entwicklungsländern deutlich. Die Stadtbevölkerung der Entwicklungsländer wuchs mit einer Zunahme um das 7,4-fache dreimal so rasch wie die der Industrieländer mit einer Zunahme um das 2,4-fache (Bronger 2004).

Die Urbanisierungsquote liegt in den Industrieländern derzeit bei durchschnittlich 75 % (Europa 74 %, Nordamerika 76 %). Lateinamerika ist mit einer Urbanisierungsquote von 74 % bereits heute auf dem Stand der Industrieländer. Asien und Afrika haben ebenfalls stark aufgeholt. Im Vergleich zu 1950 als sie beide knapp 10 % städtische Bevölkerung aufwiesen haben sie mit ihrem heutigen Anteil von 35 % und 34 % deutlich zugelegt (Bronger 2004).

Dieser enorme Urbanisierungsprozess betrifft vor allem die Metropolen und Megastädte. Bronger (2004) stellte die These auf, dass das 20. Jahrhundert ein „Jahrhundert der Metropolen" war und die Metropolisierung zu einem weltumspannenden Phänomen geworden ist. Mir stellt sich die Frage, welche Trends mit dem weltweiten Metropolisierungsprozess einhergehen. Welche neuen Entwicklungen bringt die Urbanisierungsdynamik der Entwicklungsländer mit sich? Und welche sonstigen neuen räumlichen Phänomene sind in jüngerer Zeit in Metropolen entstanden?

Die vorliegende Arbeit gliedert sich in drei Teile. Im ersten Teil, welcher sich mit theoretischen Aspekten und Hintergründen beschäftigt, wird zunächst auf den Begriff und das Begriffsdilemma „Metropolisierung" eingegangen und der Begriff hinsichtlich seiner doppelten Bedeutung (Prozess und Zustand) erläutert. Auch der Begriff Metropole wird näher gefasst. Dabei soll nicht nur allein auf die geographische Abgrenzung eingegangen werden, sondern historische, kulturelle, religiöse,

ökonomische und mythische Interpretationen sollen ebenfalls angerissen werden. Darüber hinaus soll der erste Teil kurz die Ursachen der Metropolisierung der Erde aufgreifen und bereits einen Überblick bezüglich dieses Phänomens geben. Da Urbanisierung, zumindest in dem beschriebenen Ausmaß, zu den neueren Erscheinungen zählt wird in der Regel nur auf die letzten 100 Jahre bis heute eingegangen.

Der zweite Teil widmet sich den aktuelle Prozessen und Trends der Metropolisierung der Erde. Bedingt durch die hohe Komplexität des Phänomens „Metropolisierung / Metropole", kann dies nur durch eine Betrachtung auf mehreren Ebenen und aus verschiedenen Blickwinkeln gelingen. Dazu wird zunächst auf die demographische Dimension der weltweiten Metropolisierung eingegangen und des Weiteren auch der damit eng verknüpften physiognomischen Ausprägung Aufmerksamkeit geschenkt. Anschließend wird die funktionale Ausdehnung der Metropolisierung der Erde beleuchtet. Darüber hinaus wird auch auf die globale Dimension eingegangen. Da sich aktuelle, aber auch zurückliegende, Metropolisierungsprozesse in den reicheren und entwickelten Ländern der Ersten Welt und den ärmeren Entwicklungsländern der Dritten Welt oftmals völlig verschieden gestalten, werden sie im Laufe der Arbeit auch häufig gesondert betrachtet. An dieser Stelle sei noch auf möchte ich noch darauf hinweisen, dass meine Ausführungen über aktuelle Entwicklungen der weltweiten Metropolisierung keinen Anspruch auf Vollständigkeit erheben. Mit Sicherheit könnten diese noch um viele Trends ergänzt werden.

Abschließend rundet der dritte Teil die Arbeit ab, indem er sowohl eine Zusammenfassung liefert als auch weiterführende Aspekte anspricht.

Zu Beginn der Arbeit sei auch noch darauf hingewiesen, dass die meisten Größenangaben bezüglich der Bevölkerung ein entscheidendes Manko haben: Die Bezugsfläche zu den Bevölkerungsangaben wird oftmals nicht angegeben. Daher sind nicht selten für dieselbe Stadt in unterschiedlichen Quellen verschiedene Bevölkerungsangaben zu finden.

2. Theorie und Hintergründe

Zunächst erscheint es sinnvoll einen Blick auf die theoretischen Grundlagen der Metropolisierung der Erde zu werfen. Des Weiteren stellen Kenntnisse über die Ursachen interessante Hintergrundinformationen dar. Darüber hinaus wird im Anschluss ein erster Einblick bzw. Überblick gegeben, welcher sich durch einen teils

historischen, teils aktuellen Abriss dem Phänomen der weltweiten Metropolisierung annähern will.

2.1 Die Begriffswelt rund um die Metropolisierung

Eine einheitliche und eindeutige Definition des Begriffs „Metropolisierung" gibt es bislang nicht. Auch beim Metropolenbegriff handelt es sich um einen unbestimmten Begriff, welcher im geschichtlichen Verlauf in unterschiedlichen Bezugssystemen verschiedenen Bedeutungen angenommen hat, sodass heute von einer Mehrfachkodierung des Begriffs gesprochen wird. (Häußermann, 2002).

Im deutschen Sprachraum sind in erster Linie die Termini „Verstädterung" und „Urbanisierung" geläufig. Da sie oftmals mit verschiedenen Inhalten verbunden werden, sind bereits erhebliche Begriffsverwirrungen aufgetreten. Unter Verstädterung wird meist die Zunahme bzw. Vergrößerung von Städten nach Zahl, Fläche und vor allem Einwohnern verstanden (Bronger 2004). Der Begriff Verstädterung beinhaltet sowohl den Prozess des Wachstums städtischer Siedlungen als auch den erreichten Zustand der Verstädterung. Geht es aber um die Ausbreitung städtischer Lebens-, Verhaltens- und Wirtschaftsformen, ist meist von „Urbanisierung" die Rede. Häufig werden auch beide Begriffe synonym verwendet (Heintel, Spreizhofer 2004). Der englische Sprachgebrauch dagegen kennt nur den Begriff „urbanization". Der Begriff Metropolisierung / Metropolization ist bislang kaum als eigenständig definierter Begriff zu finden, weder in der englisch- noch der deutschsprachigen Literatur. In den meisten Beiträgen zur Stadtgeographie wird „Metropolisierung" unter „Urbanisierung"/ Verstädterung subsumiert (Bronger 2004). Unter Metropolisierung wird ebenfalls sowohl der Prozess der Metropolenbildung als auch der erreichte Zustand bezeichnet (Heintel, Spreizhofer 2001).

Seit fünf Millionen Jahren lebt der Mensch auf der Erde, in Städten wohnt er erst seit 8000 Jahren und erst in den letzten 150 Jahren ist unsere Vorstellung von Metropolen geprägt worden (Lanz 2001). Was zeichnet eine Metropole aus und wie kann sie von anderen Städten abgrenzt werden?
Der historische, vormoderne Metropolenbegriff bezeichnet die kultische, religiöse oder politische Zentrale, welche als Metropole institutionalisiert ist. Diese Metropolen sind Orte der Macht und Zentralgewalt. Der Begriff der „zentralen Orte" aus der

Raumordnung greift diese Bestimmung auf. Demnach könnte der Ort mit den Einrichtungen höchster Zentralität in einem Staat als seine Metropole bezeichnet werden. Der Metropolenbegriff im geographischen Sinne bzw. im Sinne der amtlichen Statistik wird durch Schwellenwerte gefasst. Großstädte mit mehr als eine Mio. Einwohner werden als Metropolen und Städte mit mehr als fünf Mio. Einwohnern als Megastädte bezeichnet um sie von anderen Großstädten abzugrenzen. (für Megastädte werden mittlerweile auch Größenordnungen von acht bzw. zehn Mio. als Kriterium angegeben). Auch in der Religionsgeographie spielte der Metropolenbegriff über Jahrhunderte eine wichtige Rolle. In der Metropole (wörtlich übersetzt Mutterstadt oder Zentralstadt) hatte der Erzbischof seinen Sitz. Metropolen im wirtschaftsgeographischen Sinne werden an ökonomischen Faktoren gemessen (BIP, Umsatzahlen, Unternehmenssitze). Heute werden Metropolen oder so genannte Weltstädte von vielen Autoren als die Knotenpunkte der globalisierten Ökonomie bezeichnet. In Wirtschaftsmetropolen werden Beziehungen organisiert, Entscheidungen getroffen und ein überproportional großes wirtschaftliches Produkt erwirtschaftet. Von Metropolen der Weltwirtschaft wird oft auch synonym als „world cities" oder „global cities" gesprochen. Schließlich werden auch Orte die einen gewissen Symbolgehalt haben als Metropolen bezeichnet. Auf sie richten sich die Hoffnungen, Sehnsüchte und Phantasien von vielen. Sie sind aber auch der Ort in denen Ängste gegenüber der Modernisierung zum Vorschein kommen (Häußermann 2002).

Als Idealtyp oder Leitbild einer Metropole kann Paris bezeichnet werden. In ihr laufen alle Fäden zusammen. Sie war auch die erste Stadt, die als Metropole im kulturellen Sinn bezeichnet wurde. Allgemein gilt, dass zentralistische Strukturen am eindeutigsten Metropolen ausbilden (Paris, London, Lissabon) während es in föderalistischen Strukturen in der Regel keine eindeutig dominierende Stadt gibt (Deutschland, Italien, Schweiz).

Der Begriff Metropole findet in der aktuellen Literatur sehr unterschiedliches Verständnis. Die Versuche Abgrenzungskriterien für eine Metropole zu finden, differieren oftmals zwischen den Autoren. Für Kiecol 1999 sind Metropolen generell nur schwer durch klare Kriterien und Fakten definierbar. Vielmehr sind sie durch die Bilder, die sie in den Köpfen der Menschen erzeugen und die Mythen um sie

existent. Daher ist was Metropolen letztendlich auszeichnet nur annäherungsweise und aus unterschiedlichen Blickwinkeln zu erfassen.

Für Heintel und Spreizhofer (2001) sind Metropolen die politischen, wirtschaftlichen und gesellschaftlichen Mittelpunkte eines Landes, meist auch mit Hauptstadtfunktion. Insbesondere in Entwicklungsländern ist eine Metropole zu finden, welche alle anderen Städte an Größe und Bedeutung übertrifft. Statistisch wird die Metropole als städtische Agglomeration mit einer Bevölkerung von über einer Mio. abgegrenzt. Lanz (2001) spricht von Metropolen als Mittelpunkt eines Städtesystems, dem dominanten Zentrum einer Region oder der Hauptstadt eines Landes. Für ihn sind Metropolen Bühne und Kontakthof der Eliten, Arbeitsplatz und Zufluchtsort der Marginalisierten und geistige Heimat der Künste.

Um mit einer einheitlichen Begriffsbestimmung arbeiten zu können soll die im Anschluss vorgestellte Abgrenzung von Bronger (2004) für vorliegende Arbeit zugrunde liegen. Um eine quantitative weltweite Vergleichbarkeit des momentanen Standes und historischen Ablaufs des Metropolisierungsprozesses zu erreichen reduziert Bronger (2004) die Abgrenzungskriterien für Metropolen auf die demographischen und strukturellen Aspekte. Eine Stadt ist gemäß seiner Abgrenzungskriterien eine Metropole, wenn sie eine Mindestgröße von einer Mio. Einwohner und bezogen auf den Gesamtraum eine Mindestdichte von 2000 Einw./km² aufweist und eine monozentrische Struktur besitzt.

Eng verbunden mit dem Begriff Metropole ist der Begriff Megastadt, da Metropolen häufig auch Megastädte sind. Unter Megastädten werden monozentrische Stadtagglomerationen mit mehr als fünf Mio. Einwohnern und über 2000 Einw./km² verstanden (Bronger 2004).

Des Weiteren arbeitet Bronger (2004) mit den Begriffen „demographische Primacy" und „funktionale Primacy". Die demographische Primacy bezeichnet den auf die meist einzige Metropole eines Landes entfallenden Anteil der Bevölkerung an der Gesamtbevölkerung und wird als Metropolisierungsquote gemessen. Unter funktionaler Primacy wird die Vormachtmachtstellung einer in der Regel einzigen Metropole im politischen und administrativen sowie auch im wirtschaftlichen, sozialen und kulturellen Bereich verstanden. Die Hauptmerkmale der funktionalen Primacy sind demnach die Überkonzentration der wichtigsten Funktionen (Primacy Indices) in fast allen Bereichen und das die demographische Primacy von der funktionalen

Primacy oftmals noch weit übertroffen wird. Die Primacy Ratio gibt das Verhältnis zwischen dem jeweiligen Primacy-Index und dem demographischen Primacy-Index an. Es gilt als entscheidendes Merkmal für Metropolen, dass sie größer 1 ist. Funktionale und demographische Primacy zusammen sind das bestimmende Merkmal des Phänomens Metropole.

2.2 Ursachen der Metropolisierung der Erde

Um die aktuellen Entwicklungen und vor allem Probleme des weltweiten Metropolisierungsprozesses besser nachvollziehen zu können scheint es sinnvoll vorab die Ursachen zu betrachten. Die Ursachen für das Wachstum von Städten und insbesondere von Metropolen sind nicht ganz klar. Es existieren unterschiedliche Erklärungsansätze. Im Zuge der Industrialisierung und starken funktionalen Konzentration entwickelten sich einige europäische und nordamerikanische Städte bis zur Mitte des 20. Jahrhunderts zu Megastädten. Erst allmählich folgten einige Städte in Lateinamerika, Afrika und Süd-Ost-Asien. Während der Kolonialepoche wurden in der Regel in der Hauptstadt oder in einer bedeutenden Hafenstadt sämtliche politischen und wirtschaftlichen Funktionen konzentriert d.h. es kam zu einer starken Zentralisierung bzw. einer Überzentralisierung. Dies hatte zur Folge, dass sich nach dem Rückzug der Kolonialherren vor allem hier eine rasche Zunahme der Bevölkerung einstellte. Die Wanderungsbewegungen werden durch die unterschiedliche Attraktivität der Ab- und Zuwanderungsgebiete ausgelöst bzw. begünstigt. In diesem Zusammenhang wird von Push- und Pull-Faktoren gesprochen. Die Lebensbedingungen und die Wahrscheinlichkeit Arbeit zu finden werden in einer Großstadt oftmals als besser wahrgenommen, als auf dem Land. Auf der einen Seite bewegen schlechtere Lebensbedingungen die Menschen zum Abwandern (Push-Faktoren) und auf der anderen Seite wirkt die Summe der Anziehungskräfte im Zuwanderungsgebiet (Pull-Faktoren) noch verstärkend. Insbesondere in Metropolen der Entwicklungsländer ist eine deutliche Differenz zwischen den Lebensbedingungen von Land und Stadt zu verzeichnen, weshalb diese metropolitanen Räume eine außerordentliche Anziehungskraft auf die Landbevölkerung besitzen. Weitere Ursachen der Metropolisierung können aber auch das natürliche Bevölkerungswachstum und / oder eine Umklassifizierung bisher als „ländlich" eingestufter Gebiete in „städtische" z.B. infolge von Eingemeindungen sein. In den Metropolen der Entwicklungsländer ist die Zunahme der Zahl

Einwohnern vor allem durch hohe Geburtenüberschüsse und durch ein hohes Wanderungspotential nahezu atemberaubend und führt zu enormen Herausforderungen (www.klett-verlag.de, 2003).

2.3 Metropolisierung der Erde - Annäherung an ein Phänomen des 20. Jahrhunderts

Die Bevölkerung der Millionenstädte ist in den 50 Jahren zwischen 1950 und 2000 dreimal so schnell gewachsen wie die urbane Bevölkerung insgesamt. Heutzutage lebt bereits jeder sechste bis siebte Mensch in einer Millionenstadt während es Anfang des 20. Jahrhunderts gerade mal jeder Vierzigste war (Bronger 2004). Abbildung 1 zeigt die absolute Bevölkerungszahl, welche in den Jahren 1900, 1950 und 2000 in Metropolen lebte. Es ist ersichtlich, dass die Anzahl der in Metropolen lebenden Bevölkerung von 44 Mio. auf 990 Mio. gestiegen ist. Bezogen auf die Gesamtbevölkerung der Erde, welche im Jahr 2000 6,1 Mrd. betrug, lebten somit rund 16 % in Metropolen.

Abb. 1: Die metropolitane Bevölkerung der Erde

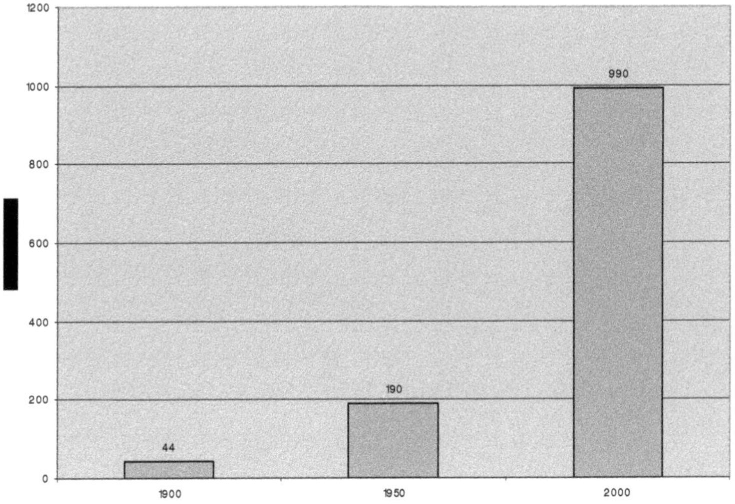

Quelle: Eigene Darstellung nach Bronger 2004, S.19

Der Metropolisierungsprozess begann 1801 als London zur ersten Metropole aufstieg. Bis 1870 folgten allmählich weitere Großstädte wie Paris, New York, Tokyo, Wien und Berlin. Anschließend beschleunigte sich das Wachstum zunehmend. Anfang des 20. Jahrhunderts gab es schon 20 Millionenstädte, Mitte des 20. Jahrhunderts bereits 75 und bis ins Jahr 2000 ist ihre Anzahl auf ca. 340 gestiegen. Den Vorgang dieser enormen Metropolisierung tragen dabei vor allem die Entwicklungsländer. Die metropolitane Bevölkerung der Dritten Welt hat sich zwischen 1950 und 2000 fast verzehnfacht durch einen explosiven Anstieg von 72 Mio. auf 639 Mio. Im Gegensatz dazu hat in den Industrieländern im gleichen Zeitraum nur eine knappe Verdreifachung der metropolitanen Bevölkerung von 118 Mio. auf 353 Mio. stattgefunden. Die Metropolisierungsquote, welche den Anteil der in einer Metropole lebenden Bevölkerung zur Gesamtbevölkerung einer Bezugsregion angibt, hat sich somit in den letzten 50 Jahren im Verhältnis der Industrie- zu den Entwicklungsländern sogar mehr als nur komplett umgedreht. 1950 betrug die Metropolisierungsquote der Industrieländer 62,2 % und die der Entwicklungsländer 37,8 %. Heute (2000) liegt das Verhältnis Industrie- zu Entwicklungsländern bei 35,5 % zu 64,5 %. Daraus kann gefolgert werden, dass das enorme Bevölkerungswachstum zu einem großen Teil in den Metropolen stattgefunden hat (Bronger 2004).

Neben der Metropolisierung macht in jüngster Zeit das Phänomen der „Megapolisierung" Karriere. Dieses bezieht sich in erster Linie auf die Dritte Welt. Während die bis 1940 existierenden fünf Megastädte Tokyo, New York, London, Paris und Osaka-Kobe allesamt in der Ersten Welt lagen, ist die Zahl der Megastädte in der Dritten Welt bis heute geradezu explosionsartig angewachsen. Seit Shanghai 1950 als erste Stadt eines Entwicklungslandes die 5 Mio.-Grenze passierte, ist die Zahl der Megastädte in der Dritten Welt auf 34 angestiegen. In den Industrieländern ist diese Zahl sehr viel langsamer angestiegen und beträgt mittlerweile 11. Das enorme Anwachsen der Zahl der Megastädte in der zweiten Hälfte des 20. Jahrhunderts lässt sich auf die Bevölkerungsexplosion in der Dritten Welt zurückführen. Bronger (2004) spricht von einer „metropolitanen / megapolitanen Revolution", die „sämtliche bis dahin gekannten Maßstäbe" sprengt. Während Megastädte der Ersten Welt wie Tokyo bzw. New York im 20. Jahrhundert immerhin um mehr als das sechsfache bzw. mehr als das dreifache wuchsen, ist bei Megastädten der Dritten Welt von wesentlich größeren Wachstumsschüben

auszugehen. In Seoul (damals war Südkorea noch Entwicklungsland) beispielsweise, der am schnellsten wachsenden Megastadt des 20. Jahrhunderts, explodierte die Bevölkerungszahl um das 70-fache. In São Paulo, Jakarta und aber auch in der Nicht-Dritte-Welt-Stadt Los Angeles wuchs die Bevölkerung z.b. mindestens um das 60-fache. Bezüglich des absoluten Wachstums zwischen 1900 und 2000 rangiert jedoch Tokyo mit 28,2 Mio. auf dem ersten Platz, gefolgt von Seoul mit 20,1 Mio., Bombay mit 17,3 Mio. sowie São Paulo und Mexico City mit je 17,0 Mio. (Bronger 2004).

3. Die Metropolisierung der Erde – aktuelle Prozesse und Trends

Im Anschluss sollen nun die aktuellen Prozesse und Trends der Metropolisierung der Erde angesprochen werden. Dabei wird auf die demographische, physiognomische, funktionale Metropolisierung eingegangen und globale Metropolisierung.

3.1 Die Demographische Dimension der Metropolisierung

Metropolisierung geht mit einer enormen Ballung von Bevölkerung einher. Deshalb ist die demographische Komponente wichtig um Aussagen über Entwicklungstrends der weltweiten Metropolisierung machen zu können. Die Demographische Dimension der Metropolisierung beschäftigt sich mit den Einwohnerzahlen der Metropolen im Vergleich zur gesamten Bezugsregion und deren Dynamik. Die zentralen Indikatoren für die demographische Metropolisierung sind der Metropolisierungsgrad und die Metropolisierungsrate. Ersterer gibt den jeweiligen demographischen Metropolisierungszustand wieder, Letzterer steht für den Metropolisierungsprozess. Es werden zwei Entwicklungen vertieft. Zuerst die enorme Dynamik des Metropolisierungsprozesses in der Dritten Welt nach 1940 im Gegensatz zur Ersten Welt, in welcher die Dynamik zum erliegen kam. Des Weiteren wird der momentane Stand des Metropolisierungsprozesses betrachtet.

3.3.1 Die Wachstumsdynamik und ihre unterschiedliche räumliche Ausprägung

Dem großen Wachstum der Metropolen Europas und Nordamerikas im 19. und beginnenden 20. Jahrhundert steht ein noch enormeres Wachstum der Dritte-Welt-Metropolen vor allem nach 1950 gegenüber. Anhand der Städte London und Chicago lässt sich die Umkehr der Verhältnisse gut verdeutlichen, wobei sie nur stellvertretend für zahlreiche andere Städte stehen. Sowohl London als auch

Chicago rangieren heute nicht mehr unter den 25 größten Megastädten der Erde. Die Stadt Seoul hingegen, welche heute die zweitgrößte Stadt der Erde ist, zählte 1940 noch nicht einmal zu den 40 größten Metropolen (Bronger 2004).

Europa, welches einst der Ausgangspunkt der neuzeitlichen Großstadtentwicklung war, weist heute kein großes Städtewachstum mehr auf. Das Wachstum stagniert oder ist sogar rückläufig. Wien beispielsweise schrumpft seit Beginn des 20 Jahrhunderts, London seit 1940 und Paris seit 1970. Lediglich Moskau stellt eine Ausnahme dar. In Nordamerika ist die Situation ähnlich. Die einzige Stadt, welche derzeit noch kontinuierlich wächst, ist Los Angeles. In Japan beschränkt sich das Wachstum hauptsächlich auf Tokyo. Auch das Wachstum von Osaka-Kobe und Nagoya ist annähernd zum Stillstand gekommen. Das Wachstum der Metropolen und Megastädte hat sich spätestens seit Mitte des 20. Jahrhunderts auf die Dritte Welt verlagert (Heintel, Spreizhofer 2001).

Vor allem zwischen 1940 und 1980 kann von extremem Wachstum der Metropolen in den Entwicklungsländern gesprochen werden. 1940 dominierten bezüglich der Zahl und Größe der Metropolen noch eindeutig die Industrieländer. Hinsichtlich der Wachstumsdynamik deutete sich jedoch bereits eine Verschiebung zugunsten der Entwicklungsländer an, sodass sich das Bild nur zehn Jahre später stark verändertet hatte. Unter Einbeziehung aller Millionenstädte entfielen 1950 bereits 34 von 75 Millionenstädten (das entspricht 45,3 %) auf Entwicklungsländer während es 1940 nur 17 von 50 (das entspricht 32 %) waren. In der Dekade von 1950 bis 1960 wurde erstmals ein Gleichstand zwischen Industrieländern und Entwicklungsländern erreicht und von 1960 bis 1970 stellten die Entwicklungsländer erstmals die Mehrheit unter den 20 größten Metropolen und auch unter den Megastädten. In dem Jahrzehnt von 1970 bis 1980 waren erste Anzeichen einer Abschwächung in der Wachstumsdynamik der Entwicklungsländer-Metropolen und Megastädte zu erkennen. Jedoch wiesen immerhin noch acht Städte ein Wachstum von über 40 % auf. Zwischen 1980 und 2000 schwächte sich die Wachstumsdynamik der Entwicklungsländer-Metropolen zunehmend ab. Darüber hinaus kam es zu einer deutlichen räumlichen Verschiebung bezüglich der Kontinente bzw. Länder mit hohem Wachstum. Im Gegensatz zu den vorherigen Jahrzehnten als die Metropolen bzw. Megastädte Lateinamerikas, Mexiko City und São Paulo, hinsichtlich der Wachstumsdynamik vorne lagen nehmen nun ausnahmslos Megastädte Asiens (z.B. Dhaka 53 %, Delhi 46%) die ersten acht Plätze ein gefolgt von, der seit

Jahrhunderten größten Stadt Afrikas, Kairo. Als Folge der gewachsenen asiatischen Dominanz stellt Asien nun mit Bombay seit 1960 die größte Dritte-Welt-Metropole und insgesamt 9 der 20 größten Städte der Erde. Bis zu Beginn des 21. Jahrhunderts hat sich ein deutliches Übergewicht der Entwicklungsländer-Metropolen gebildet. Nur noch sechs der 20 größten Städte lagen in den Industrieländern (1950 waren es noch 12). Somit leben fast zwei Drittel (64,4 %) der Bevölkerung der 20 größten Städte der Erde in der Dritten Welt (Bronger 2004).

Im Folgenden soll nun noch genauer auf einzelne Räume eingegangen werden unter anderem unter Berücksichtung von Tabelle 1, welche verschiedene Großregionen unter Angabe ihrer Metropolisierungsquote und der Anzahl ihrer Metropolen auflistet. Auch wenn sämtliche Großregionen angerissen werden, sollen doch vor allem die Entwicklungsländer Beachtung finden. Denn gerade um die Metropolisierung in Entwicklungsländern näher zu untersuchen erscheint es sinnvoll einzelne Teilräume gesondert zu betrachten, da sie sich in unterschiedlichen Stadien befinden, sowohl hinsichtlich des demographischen Zustandes als auch des demographischen Prozesses (Peters 2005).

Tabelle 1: Metropolisierungsgrad und Anzahl der Metropolen in ausgewählten Großregionen, 1975 bis 2010

	1975	1980	1985	1990	1995	2000	2005	2010
	18	19	19	20	21	20	22	22
Europa	47	57	58	62	63	63	69	69
	27	26	26	28	28	28	29	29
Westeuropa	18	18	18	20	20	20	22	22
	34	35	35	37	38	39	40	40
Nordamerika	31	33	34	36	39	41	43	44
	25	26	26	31	33	34	35	37
Südamerika	16	18	23	28	31	33	37	43
	13	14	14	17	17	18	20	22
Ostasien	53	64	73	90	99	109	124	138
Südl.-	5	6	6	9	11	13	14	16
Zentralasien	15	17	24	40	49	61	70	82
	14	18	18	21	24	26	29	30
Westasien	8	11	12	15	18	21	25	27
	5	6	6	9	11	13	15	17
Afrika	8	13	21	27	35	43	50	59
	0	1	1	4	6	9	10	12
Ostafrika	0	1	4	5	8	12	13	15

Quelle: Darstellung nach Mertins 2005

Zunächst ist festzuhalten, dass der Metropolisierungsgrad von Nord- und Südamerika mit derzeit 40 % und 35 % am höchsten ist, die Ausgangssituationen 1975 jedoch unterschiedliche waren. Dies ist auf die hohe Wachstumsdynamik der Metropolen in Südamerika bzw. in ganz Lateinamerika zurückzuführen. Im Vergleich zu anderen Großräumen der Dritten Welt ist Lateinamerika mit einer Urbanisierungsquote von 74 % stark verstädtert. Zu den größten Metropolen zählen Mexico-Stadt mit 17,6 Mio., São Paulo mit 17,2 Mio., Buenos Aires mit 13,4 Mio. und Rio de Janeiro mit 12,1 Mio. Einwohnern. Damit liegen 4 der 20 größten Agglomerationen der Erde in Lateinamerika. Mittlerweile hat sich die Wachstumsdynamik Südamerikas bzw. Lateinamerikas jedoch abgeschwächt.

Europa bleibt bezüglich der Metropolisierungsquote mit 22 %, im Gegensatz zur Urbanisierungsquote (74 %), deutlich zurück. Ursachen sind historischer, im Städtesystem begründeter, Art.

In Afrika ist ein rascher Anstieg der Metropolen zu verzeichnen. Im Zeitraum von 1975 bis 2005 von acht auf 50 Metropolen. Ein großer Teil der Urbanisierung vollzieht sich in dieser Großregion in Form einer akzentuierten Metropolisierung (Mertin 2005).

Bei Ostasien (China, Japan) und im zentralen Südasien (z.B. Indien, Pakistan) fällt auf, dass der Metropolisierungsgrad mit 20 % und 14 % weit hinter dem vergleichbarer Großregionen zurückbleibt. Genauso verhält es sich auch mit dem Urbanisierungsgrad. Dies erscheint auf den ersten Blick sehr verwunderlich, muss jedoch vor dem Hindergrund der hohen Gesamtbevölkerung gesehen werden (Volksrepublik China 1,3 Mrd. Einwohner). Relativ gesehen dominiert sehr deutliche die Bevölkerung im ländlichen Raum, absolut jedoch ist die städtische Bevölkerung weitaus größer. In den dortigen Metropolen leben weitaus mehr Menschen als in allen anderen Großregionen. Daher besitzen sie auch die mit Abstand höchste Anzahl an Metropolen (124 und 70) (Mertins 2005).

Für Asien ist der Trend zur Urbanisierung besonders brisant und wird sich zukünftig noch verstärken vor allem weil der Großteil der Bevölkerung im ländlichen Raum lebt. An einem Beispiel aus Südasien lässt sich dies verdeutlichen: In Indien gab es im Jahr 2000 acht Metropolen, darunter die Megastädte Kalkutta und Bombay, welche zusammen lediglich 7 % der Gesamtbevölkerung beherbergten. Aus dieser enormen Ungleichverteilung von urbaner und ruraler Bevölkerung ist für die Zukunft anzunehmen, dass die südasiatischen Metropolen und Megastädte schon allein

durch die Landflucht flächenmäßig wachsen und die Bevölkerung extrem ansteigen wird (Heintel, Spreizhofer 2001).

3.1.2 Der aktuelle Stand des Metropolisierungsprozesses

Die Metropolisierung ist heute zu einem weltumspannenden Phänomen geworden, zumindest im demographischen Sinne. Insgesamt weisen 100 der 132 Staaten mit über drei Mio. Einwohnern (auf sie entfallen über 99 % der Erdbevölkerung) mindestens eine Millionenstadt auf. 1900 waren es im Vergleich dazu 10 und um 1950 waren es 34 Millionenstädte. Besonders auffällig dabei ist zum einen, dass sich aufgrund der räumlich differenzierten Wachstumsdynamik, wie oben bereits beschrieben, die Verhältnisse im vor allem kontinentalen Vergleich in nur 100 Jahren fast gänzlich umgedreht haben. Europa, welches als „Mutterland der Metropolen" gilt und bis 1940 führend unter allen Kontinenten war, bildet heute zusammen mit Afrika das Schlusslicht. Zum anderen fällt auf, dass hinsichtlich der Bevölkerungskonzentration in den Industrieländer-Metropolen gegenüber der in den Entwicklungsländer-Metropolen kein bedeutender Unterschied mehr existiert. Die Metropolisierungsquote von Paris beispielsweise ist ähnlich hoch wie die von Mexico City oder Manila. Die von London zum Beispiel entspricht jener von Istanbul oder Bangkok. Die Länder der Ersten Welt sowie der Dritten Welt sind alle gleichermaßen von der Metropolisierung erfasst, trotz ihres unterschiedlichen Entwicklungsstandes. Abbildung 2 verdeutlicht die Situation anhand einer Weltkarte mit den jeweiligen Metropolisierungsquoten der einzelnen Länder.

Abb. 2: Metropolisierung der Erde um 2000

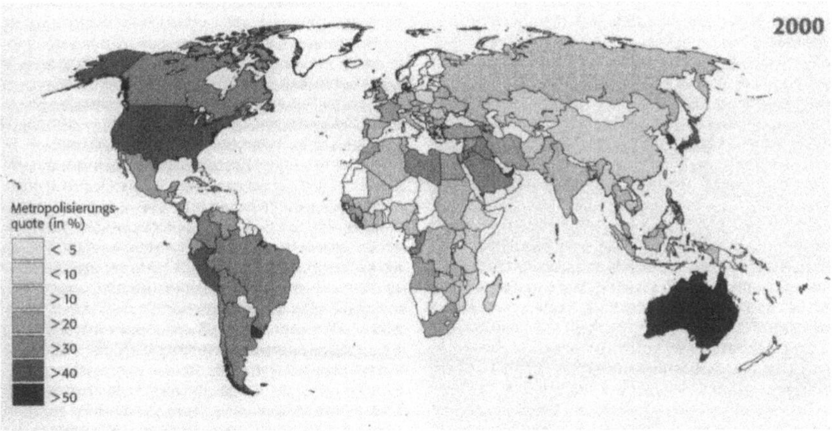

Quelle: Bronger 2004, S. 53

Von einer Megapolisierung der Erde kann hingegen bis heute nur bedingt die Rede sein. Bislang existieren 45 Megastädte, die sich auf 28 Staaten verteilen. Industrieländer- und Entwicklungsländer sind dabei in etwa gleich stark vertreten. Es ist zu beobachten, dass die Megapolisierung (demographisch), ebenso wie die Metropolisierung, in armen und reichen Ländern gleichermaßen ausgeprägt ist (Bronger 2004).

Die wichtigsten Ergebnisse der Demographischen Dimension

- Dem stagnierenden oder sogar rückläufigen Wachstum der Industrieländer-Metropolen seit Mitte des 20. Jahrhunderts steht ein enormes Wachstum der Entwicklungsländer-Metropolen seit 1940 gegenüber

- Es kam es zu einer Verschiebung der Größenverhältnisse (demographisch) in Richtung Dritte Welt

- Für die Zukunft wird überwiegend für Afrika und, in absoluten Zahlen noch viel extremer, für Asien, starkes Wachstum der Metropolen und Megastädte prognostiziert

- Die Metropolisierung ist heute zu einem weltumspannenden Phänomen geworden, da 100 von 132 Staaten mit mehr als drei Mio. Einwohnern mindestens eine Metropole besitzen

- Von dem Phänomen der weltweiten Metropolisierung sind somit Industrie und Entwicklungsländer gleichermaßen, unabhängig von ihrem Entwicklungsstand, erfasst

3.2 Die Physiognomische Ausprägung

Die physiognomische Verstädterung / Metropolisierung, welche mit der demographischen einhergeht, bezieht sich auf die flächenmäßig-bauliche Ausdehnung der Metropolen bzw. auf spezifische Siedlungsformen. Damit gehen auch häufig baulich-infrastrukturelle Umstrukturierung- und Erneuerungsprozesse in den Metropolen einher (Mertins, 2005). Im Anschluss werden zuerst großräumige und anschließend kleinräumige Phänomene, welche typischerweise in Metropolen oder Megastädten zu finden sind, angesprochen.

3.2.1 Großräumige Veränderungen
Suburbanisierung versus innerständische Verdichtung

Es sind derzeit zwei gegenläufige Prozesse in den Industrieländern und den Entwicklungsländern zu verzeichnen. Während in den Metropolen der Industrieländer der Suburbanisierungs- und Exurbanisierungsprozess weiter fortschreitet ist in den Metropolen der Entwicklungsländer ein anhaltender Trend zur innerstädtischen Verdichtung festzustellen. Die Einwohnerdichte in Bombay City beispielsweise übertrifft die von Central London fast um das Sechsfache.

Das Extremwachstum der Entwicklungsländer-Metropolen und Megastädte wurde maßgeblich von dem enormen Migrationsstrom ab 1950 getragen, dem die Städte jedoch weder infrastrukturell noch ökonomisch gewachsen waren. Da die Verdienstmöglichkeiten, insbesondere im informellen Sektor, welcher in Metropolen und Megastädten der Dritten Welt einen Anteil von 40 bis 70 % der Gesamtbeschäftigung ausmacht, hauptsächlich in den Innenstadtbereichen bestehen und die Fahrtkosten von Außenbezirken in die Innenstadt im Verhältnis zum Verdienst viel zu teuer sind, siedeln sich die meisten Migranten in den Innenstadtbereichen an. Das Resultat ist ein bis heute anhaltender Verdichtungsprozess in den Innenstädten vieler Metropolen und Megastädte.

Der Vergleich der Bevölkerungsentwicklung der Innenstädte zwischen 1900 und 2000 einiger Industrieländer-, Entwicklungsländer- sowie Schwellenländer-Metropolen lässt deutliche Unterschiede erkennen (vgl. Abbildung 3).

Abb. 3: Wachstumsmuster metropolitaner Kerngebiete 1900 bis 2000

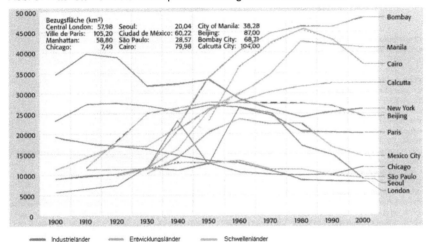

Quelle: Eigene Darstellung nach Bronger 2004, S. 77

In den Industrieländern setzte bereits seit Ende des 19. bzw. zu Beginn des 20. Jahrhunderts eine allmähliche Umkehr der innerstädtischen Bevölkerungsverdichtung ein, wie beispielsweise die Verlaufskurven von London und New York zeigen. In den Schwellenländern ist diese Umkehr seit 1960 (mit Erreichen des „take-off"-Stadiums) festzustellen. In den Entwicklungsländern hingegen ist die Umkehr dieses demographischen Prozesses trotz der auch hier einsetzenden Tertiarisierung nicht bzw. nicht so deutlich zu erkennen. Die innerstädtische Verdichtung hält in Bombay und Kalkutta nach wie vor an, in Manila und Beijing geht sie leicht zurück, lediglich in Kairo ist bereits ein deutlicherer Rückgang zu verzeichnen.

Unabhängig vom Entwicklungsstand spielt jedoch auch die Größe der Bezugsfläche eine Rolle. Je größer sie ist, desto später setzt der Rückgang der Innenstadtbevölkerung ein (Bronger 2004).

Zersiedelung der Städte
Durch extreme Sub- und Exurbanisierungsprozesse in den Metropolen und Megastädten wird oft auch von Stadtlandschaften gesprochen. Gerade in den USA

ist teilweise ein derartiges Ausufern der Städte festzustellen, dass diese bereits mit anderen Städten zusammenwachsen und es entstehet eine sog. Megalopolis. Ein klassisches Beispiel für eine Megalopolis ist die Stadtregion Boston – New York – Washington an der Nordküste der USA, welche kurz BOS(NY)WASH genannt wird. Sie ist eine verstädterte Zone von rund 1000 km Länge und 150 km Breite. Ein weiteres Beispiel ist die Stadtregion San Francisco – San Diego an der Westküste der USA, kurz SAN – SAN (Heintel, Spreizhofer 2001).

3.2.2 Kleinräumige Veränderungen

In den Entwicklungsländern findet das rasche Wachstum oftmals in Hütten- und Marginalsiedlungen am Stadtrand seinen Niederschlag. Diese informellen Wohnviertel verfügen in der Regel über keine oder nur eine sehr unzureichende Ver- und Entsorgungsstruktur (Frisch- und Abwasser, Elektrizität, Müll, etc.). In Megastädten leben bis zu 40 % der Bevölkerung in Marginalsiedlungen, sowohl am Stadt- bzw. Agglomerationsrand als auch in innerstädtischen Slums. Mindestens die Hälfte dieser Bausubstanz ist informell entstanden. Heintel und Spreizhofer (2001) sprechen aufgrund des großen Anteils an Marginalsiedlungen im Bezug auf Megastädte der „Dritten" Welt auch von der „Tyrannopolis". Mit diesem Problem beschäftigte sich auch UN-Konferenz über menschliche Siedlungen, HABITAT II, welche 1996 in Istanbul stattfand. Das übergeordnete Ziel von HABITAT II war eine nachhaltige Stadtentwicklung in sozialer, ökologischer und wirtschaftlicher Hinsicht, die allen urbanen Bevölkerungsgruppen ein menschenwürdiges Leben ermöglicht (Heintel, Spreizhofer 2001)

Ein geradezu gegensätzliches Phänomen zu Hütten- und Marginalsiedlungen stellen „gated communities" dar, welche zum weltweit markanten Merkmal der neuen Gestaltung von Wohnvierteln geworden sind. In ihnen schotten sich wohlhabende Bevölkerungsgruppen vom öffentlich zugänglichen Raum ab in der Regel aus Angst vor sozial schwächer gestellten Bevölkerungsgruppen.

In diesem Zusammenhang sei noch ein Thema angesprochen, welches hauptsächlich von der soziologischen Stadtforschung untersucht wird und eng mit der Lebensstilforschung zusammenhängt: die sog. Gentrification. Mit der (zumindest punktuellen) Aufwertung der Innenstädte ist diese für bestimmte Bevölkerungsgruppen als Wohnort wieder interessant geworden. Diese „neuen

Enklaven des gehobenen Lebensstiels (Heineberg 2003, S. 344)" sind vor allen für meist kinderlose Mittel- und Oberschichthaushalte interessant.

Die wichtigsten Ergebnisse der Physiognomischen Ausprägung

- Der fortschreitenden Sub- und Exurbanisierung in den Industrieländern steht ein immer noch anhaltender innerstädtischer Verdichtungsprozess in den Entwicklungsländern gegenüber
- Durch starke Zersiedelung insbesondere in den Industrieländern entstehen weit ins Umland ausufernde Stadtlandschaften
- In Megastädten und Metropolen der Dritten Welt sind häufig informelle Wohnviertel und finden

3.3 Die Funktionale Ausdehnung der Metropolisierung

Durch die hohe Konzentration industrieller vor allem aber tertiärer Funktionen (z.B. hochrangige Handels-, Verwaltungs-, Finanz- und Kulturunternehmen) in den Metropolen wird deren Entwicklung und Wachstum stark beeinflusst. Diesen starken Einfluss drückt die funktionale Verstädterung / Metropolisierung aus. Bezüglich der Funktionalen Ausdehnung soll ebenfalls die Polasierungswirkung der Metropolen und Megastädte angesprochen werden sowie auf die aktuelle Bedeutung der Kernstädte eingegangen werden.

3.3.1 Die funktionale Vormachtstellung der Metropolen

Das Ausmaß der funktionalen Primacy

Der grundlegende Unterschied zwischen Metropolen und Megastädten der „Ersten" Welt und Dritten Welt besteht in ihrer funktionalen Vormachtstellung (von Bronger als funktionale Primacy bezeichnet) auf nationaler Maßstabsebene. Bezogen auf den Entwicklungsstand des jeweiligen Landes wird von keiner Metropole eines Industrielandes die Dominanz der funktionalen Primacy der Entwicklungsländer-Metropolen erreicht. Alle wichtigen Lebensbereiche umfassende Analysen zur funktionalen Primatstellung ausgewählter Metropolen (vgl. Bronger 2004) verdeutlichen Folgendes:

Die Primacy Ratio (Verhältnis zwischen dem jeweiligen Primacy Index und der demographischen Primacy) ist in den Metropolen und Megastädten der Entwicklungsländer in sämtlichen Lebensbereichen wesentlich ausgeprägter als in

den Industrieländern. Ein Vergleich der Dritte-Welt-Metropolen Shanghai und Mumbai (Bombay) mit Paris belegt dies. Beim Indikator „Telefonanschlüsse" beispielsweise beläuft sich die Primacy Ratio von Shanghai auf 4,4 : 1 und die von Mumbai sogar auf 6 : 1 während sie in Paris bei 1,1 : 1 liegt. Zu dem enormen Unterschied bezüglich der Quantität an Einrichtungen (z.B. Krankenhäuser oder Flughäfen) in den Metropolen im Vergleich zum den anderen Landesteilen kommen ausgeprägte Qualitätsunterschiede hinzu.

Ein Vergleich der Volksrepublik China und Indiens zeigt, dass die funktionale Dominanz der Entwicklungsländer-Metropolen bzw. Megastädte nicht vom politisch-wirtschaftlichen System abhängt. In China hat sich die funktionale Primacy auch nach 40-jähriger Zentralverwaltungswirtschaft auf hohem Niveau gehalten. Die Primacy Ratio der drei größten Megastädte Chinas, Shanghai, Beijing und Tianjin (Stand 1993), im Vergleich zu jener der drei größten Indiens, Mumbai, Calcutta und Dehli, zeigt, dass bezüglich der meisten Indikatoren (z.B. Industriebeschäftigte, Hafenumschlag, Passgieraufkommen im internationalen Flugverkehr) die Hegemonialstellung der chinesischen Megastädte stärker ausgeprägt ist. So konnte Shanghai ihre vor 1949 sehr starke funktionale Vormachtstellung größtenteils halten, obwohl der Staat zahlreiche regionalpolitische Eingriffe durchführte.

Des Weiteren ist hinsichtlich der Dritte-Welt-Metropolen und Megastädte ein positiver Zusammenhang zwischen Primacy Ratio und Größe der Metropole festzustellen. Die nächstgrößeren Städte sind im Verhältnis zum Hauptzentrum wesentlich kleiner, sodass sie nur noch den Charakter von Regionalzentren einnehmen. Dies kann in Subkontinentalstaaten sogar für Megastädte zutreffen. Ein überproportionaler Abfall der funktionalen Primacy kann zwar zum Teil auch für Industrieländer festgestellt werden (z.B. Tokyo : Osaka-Kobe : Nagoya), jedoch ist der Sprung zwischen Primär- und Sekundärzentrum deutlich geringer.

Darüber hinaus kann bei etwa gleich großen Metropolen bzw. Megastädten der Dritten Welt eine Art Funktionsaufteilung verzeichnet werden. Damit ist gemeint, dass sich Wirtschaftszentren (z. B. Bombay, Shanghai, São Paulo), Verwaltungszentren (z. B. Dehli, Beijing) und kulturelle Zentren (z. B. Rio de Janeiro, Kalkutta) herausbilden.

Schließlich wird die funktionale Vormachtstellung der Entwicklungsländer-Metropolen und Megastädte noch durch die Tatsachse akzentuiert, dass fast alle

Verwaltungsspitzen nationaler und vor allem internationaler Konzerne dort ansässig sind, was sie allerdings noch nicht zu Global cities macht (Bronger 2004).

Die Dynamik der funktionalen Primacy

Im Folgenden soll nun die Dynamik der funktionalen Primacy im Zusammenhang mit dem Entwicklungsstand des jeweiligen Landes betrachtet werden. Die Ergebnisse beruhen dabei auf einem Vergleich der Städte Manila, Bangkok und Seoul. Die Betrachtung erfolgte anhand neun funktionaler Indikatoren im Zeitablauf. Alle drei Städte lagen noch vor 40 Jahren in sehr schwach entwickelten Ländern und wurden bereits zu diesem Zeitpunkt demographisch und funktional von einer Metropole dominiert. Ihre Entwicklung bis heute nahm jedoch einen sehr unterschiedlichen Verlauf. Die Philippinen (Manila) blieben auf dem Stand eines Entwicklungslandes, Thailand (Bangkok) entwickelte sich wirtschaftlich positiv und zählt nun als Schwellenland und Südkorea (Seoul) gelang sogar ein derartiger Aufholprozess, dass es heute ein junges Industrieland ist. Bei der Ausgangssituation (meist um 1960, je nachdem ab wann die Werte vorlagen) war bemerkenswert, dass zwar jede der drei Metropolen in allen Lebensbereichen hohe bis sehr hohe Werte aufweist, jedoch bei Seoul die Werte für die Primacy Ratio trotz des niedrigen wirtschaftlichen Entwicklungsstandes am geringsten waren. Bezüglich der Entwicklung der Primacy Ratio sind bei den drei Vergleichsmetropolen unterschiedliche Trends festzustellen. Bei Seoul sank sie über den gesamten Beobachtungszeitraum hinsichtlich aller Indikatoren kontinuierlich, sodass die Werte hinsichtlich der meisten Indikatoren fast im Landesdurchschnitt liegen (< 1,1:1). Besonders extrem im industriellen Bereich, in welchem die Wertschöpfung sogar weit unter den Landesdurchschnitt gesunken ist (0,37:1). Dies ist vornehmlich auf die staatliche Investitions- und Industrieansiedlungspolitik zurückzuführen. Bei Bangkok und Manila hingegen ist zwar ebenfalls eine Abnahme der Primacy Ratio zu verzeichnen, allerdings bei weitem nicht so dynamisch und kontinuierlich wodurch sie auf einem deutlich höheren Level bleibt (> 2,09:1). In einigen Bereichen zeichnet sich in jüngerer Vergangenheit sogar wieder eine Zunahme ab. Es bleibt somit festzuhalten, dass eine wirkliche Umkehr der Polarisierung nur in Seoul stattgefunden hat und Manila sowie Bangkok bis heute eine enorme funktionale Primatstellung einnehmen.

Eine Gegenüberstellung von zwölf Megastädten der Industrie- und Entwicklungsländer zeigt, dass die Entwicklung Manilas und Bangkoks durchaus entwicklungsländertypisch ist (vgl. Tabelle 2).

Tabelle 2: Dynamik der wirtschaftlichen Primacy „Erste" Welt – „Dritte" Welt

Megastadt	MQ 2000 in %	1960	1970	1980	1990	2000
Bombay	1,2			224	464	341
Saigon	6,6				242	315
Shanghai	1,4		–	659	359	488
Jakarta	4,6			283	258	
Manila	13		269	245	246	239
Bangkok	10,4	284	305	331	365	305
Mexico City	18,1	220	184	173	200	
Seoul	21,6	232	163	121	102	101
Tokyo	26,3		152	121	126	115
New York	33,3	108	113	108	115	102
Chicago	64,8	112	109	107	110	101
London	11,3			126	125	128

Quelle: Leicht Veränderte Darstellung nach Bronger 2004, S. 183

In der Regel gelingt es keiner Entwicklungsländer-Metropole bzw. Megastadt ihre wirtschaftliche Vormachtstellung signifikant abzubauen. Bei Saigon und Shanghai hat sie sich sogar noch verstärkt. Bei Seoul ist ein konstanter Abbau festzustellen, sodass sie mittlerweile den Stand westlicher Industrieländer erreicht hat bzw. ihn größtenteils sogar noch übertrifft. Insgesamt bleibt ein deutlicher Unterschied zwischen den Industrie- und Entwicklungsländern bestehen (Bronger 2004).

Funktionale Stadttypen

In diesem Zusammenhang ist auch die Frage nach funktionalen Stadttypen interessant. In Entwicklungsländern ist eine deutliche Dominanz der Metropolen festzustellen, während sich das metropolitane Städtesystem in den Industrieländern durch größere Vielfalt und auch Ausgewogenheit auszeichnet. Multifunktionalität in quantitativer gerade aber auch in qualitativer Hinsicht ist eine Frage des Entwicklungsstandes. In den meisten Entwicklungsländern kann sich eine hochrangige funktionale Struktur (hochrangige Universitäten, Krankenhäuser, kulturelle Einrichtungen) höchstens in einer Metropole etablieren. In vielen Industrieländern hingegen ist eine große Vielfalt und Ausgewogenheit zu finden z.B. in Deutschland (mit Berlin, Hamburg, München, usw.), in Italien oder im Nordosten der USA. Bei Industrieländern mit einer ausgeprägten Primatstadtstruktur jedoch

konzentrieren sich oftmals auch sämtliche hochrangige Funktionen auf eine Metropole z.B. in Kleinstaaten wie Österreich und Dänemark aber auch in Großbritannien und Frankreich.

Bei Entwicklungsländer-Metropolen kann also in der Regel nicht von funktionalen Stadttypen im Sinne von Städten mit speziellen Funktionen (politisch, wirtschaftlich, kulturell) gesprochen werden. Bei Metropolen und Megastädten sind im Allgemeinen monofunktionale Stadttypen Sonderfälle, die es wenn überhaupt nur in der „Ersten" Welt gibt (z.B. Las Vegas als Unterhaltungsmetropole).

Im Allgemeinen ist bei Metropolen und Megastädten in der Regel die Kernstadt das funktionale Herz der gesamten Stadt. In Ausnahmefällen mussten jedoch aus Platzgründen wichtige Funktionen in andere Stadtteile ausgelagert werden, sodass auch bipolare (z.B. New York mit „Lower Manhatten" oder „Midtown") oder polyzentrische Zentrenstrukturen entstanden. Für die Beutung der Zentren kann auch die Konzentration von Wolkenkratzern als Indikator dienen, welche dort überproportional hoch ist (Bronger 2004).

3.3.2 Innerurbane Disparitäten

Metropolen und Megastädte besitzen eine starke Polarisierungswirkung, wodurch es zu intraurbanen Disparitäten kommt. Die innerurbanen Disparitäten werden anhand der Metropolen bzw. Megastädte Chicago und Manila verdeutlicht. Beide verfügen über einen CBD, der verglichen mit dem jeweiligen Entwicklungsstand des Landes (USA und Philippinen) außerordentlich modern und funktional bedeutend (auch weltweit) ist.

Für die „Erste"-Welt-Stadt Chicago wurden sieben Indikatoren aus allem wichtigen Lebensbereichen herangezogen um für die Bereiche ethnische, ökonomische, soziale und Bildungs-Segregation Aussagen treffen zu können (z. B.: „Anteil der schwarzen Bevölkerung" für ethnische Segregation, „Familieneinkommen" für ökonomische Segregation, „Familienstruktur" für soziale Segregation und „mehr als High-School-Abschluss" für Bildungs-Segregation). Ohne näher auf einzelne untersuchte statische Einheiten (community areas und census tracts) einzugehen seien folgende Ergebnisse festgehalten.

Die ethnische Segregation ist in Chicago insbesondere in den Jahren 1940 bis 1990 weit fortgeschritten. Es lassen sich heute deutlich rein schwarze und fast rein weiße Wohnviertel ausmachen. Analog zur ethnischen Segregation ist diese auch im

wirtschaftlichen Bereich festzustellen. Beträchtliche Einkommensunterschiede im Verhältnis von 1:24 zwischen den komplett schwarzen und fast rein weißen Vierteln verdeutlichen dies. Bedingt durch die ökokomische Situation ist bei wirtschaftlich schlecht gestellten Gruppen auch eine deutliche soziale Desintegration festzustellen. Der Anteil der alleinerziehenden Mütter ist mit über 90 % extrem hoch und eine Familienstruktur ist kaum noch erkennbar. Im Bildungsbereich schließlich fällt das Fazit aufgrund ausgeprägter Unterschiede ebenfalls negativ aus. In Chicago kann somit von ethnischer, wirtschaftlicher, sozialer und kultureller Segregation gesprochen werden.

In der „Dritte"-Welt-Stadt Makati (Metro Manila) existiert ein extremes Entwicklungsgefälle in Ost-West-Richtung. Die Bevölkerungsverteilung ist sehr ungleich. Im Zentralteil mit 42 % der Gesamtfläche leben 6,7 % der Bevölkerung (2.808/Einw./km²). In den restlichen Stadtteilen konzentrieren sich die restlichen 93,3 % der Bevölkerung (28.555 Einw./km²). Bezüglich der Einkommensverteilung ist festzuhalten, dass die marginalisierte Schicht, welche vor allem im Westen in Squattern wild siedelt, im Verhältnis zur Oberschicht, welche zu über 90 % im Zentralteil lebt, die fünffache Anzahl ausmacht. In Makati (Metro Manila) sind also soziale und wirtschaftliche Disparitäten festzustellen. In Metropolen bzw. Megastädten kann im Allgemeinen von einer sehr starken Polarisierung der Gesellschaft ausgegangen werden. Wie die Beispielmegastädte Chicago und Manila zeigten trifft die Polarisierung auf urbaner Maßstabsebene arme und reiche Länder gleichermaßen.

3.3.3 Die Bedeutung der Kernstädte

Über die aktuelle Beutung der Kernstädte wird in der Fachwelt kontrovers diskutiert. In jüngerer Zeit sind einige Elemente mit funktionaler Bedeutung in metropolitanen/megapolitanen Agglomerationen entstanden, die der City Konkurrenz machen. Dazu zählen Edge Cities, Urban Entertainment Centers, Factory Outlet Centers (Designer Outlets) oder Shopping Malls, welche außerhalb der Kernstädte oftmals sogar auf der grünen Wiese lokalisiert sind.

Heineberg (2001) schreibt in diesem Zusammenhang von Funktionsverlusten der CBDs in US-amerikanischen Städten. Durch die Überalterung der Bausubstanz im Stadtzentrum, durch starke Bevölkerungssuburbanisierung und durch Entstehung

von Shopping-Centern oder Edge Cities an autofreundlichen, peripheren Standorten kommt es zum wirtschaftlichen Verfall und zur räumlichen Schrumpfung der CBDs. Bronger (2004) bezweifelt die Allgemeingültigkeit dieser Aussagen. Für die vier Megastädte New York, Seoul, Mexico City und Mumbai (Bombay) konnte er nachweisen, dass sie nach wie vor das funktionale Herz der gesamten Agglomeration darstellen und ihre Vormachtstellung kaum eingeschränkt wird. In der Regel sind es auch die Kernstädte, mit denen Agglomerationen insgesamt assoziiert werden (Bronger 2004).

Die wichtigsten Ergebnisse der Funktionalen Ausdehnung

- Die Metropolen der Entwicklungsländer weisen eine ausgeprägte funktionale Hegemonialstellung auf, die von keiner Industrieland-Metropole erreicht wird
- In der funktionalen Dominanz der Metropole liegt der wesentliche Unterschied zwischen Industrie- und Entwicklungsländer-Metropolen
- Es besteht ein Zusammenhang zwischen dem Entwicklungsstand des jeweiligen Landes und der funktionalen Dominanz der Metropole; deshalb konnte die Primacy Ratio bisher noch von keinem Entwicklungsland signifikant abgebaut werden
- In Metropolen und Megastädten treten häufig beträchtliche innerurbane Disparitäten hervor, womit Segregation einhergeht.
- Die Kernstädte verlieren teilweise aufgrund von Shopping-Malls, Urban-Entertainment-Center oder Edge Cities an Bedeutung. Diese Aussage kann jedoch nicht verallgemeinert werden.

3.4 Die globale Dimension

Die großen Spieler und Hauptfadenzieher der Globalisierung sind vornehmlich in Megastädten ansässig. Unter diesem Aspekt stellt Bronger (2004) die Frage, ob „zu Beginn der 21. Jahrhunderts funktional bereits von einer Megapolisierung der Erde" gesprochen werden kann?

Bis zur Mitte des 20. Jahrhunderts hatten sich die vier großen Megastädte Tokyo, New York, London und Paris als Kraftzentren der Weltwirtschaft etabliert und Megastädte waren das Synonym für Prosperität und Macht. Was die demographische Größenordnung angeht haben sie die Verhältnisse drastisch „zugunsten" der „Dritte"-Welt-Länder verschoben. Die größten Städte der Erde sind

heute in Entwicklungsländern zu finden. Wie bereits erwähnt besitzen sie in dem jeweiligen Land eine herausragende funktionale Hegemonialstellung. Jedoch ist fraglich ob ihre herausragende funktionale Primacy auf nationaler Ebene auch im internationalen Maßstab gültig ist. Gilt die Gleichung Megastädte = Global Cities? Davon kann nicht die Rede sein. Bislang hat keine einzige Entwicklungsländer-Metropole den Rang einer Global City erreicht. Die funktionale Megapolisierung blieb somit bis heute auf die Industrieländer beschränkt.

4. Zusammenfassung und Ausblick

Das 21. Jahrhundert wird das Jahrhundert der Urbanität schlechthin. Zum Jahrtausendwechsel lebten erstmals in der Geschichte der Menschheit mehr Menschen in Städten als auf dem Land. Das außerordentliche Städtewachstum ist vor allem in den Ländern der Dritten Welt ein Phänomen der letzten 30- 40 Jahre. Kennzeichen dieser Entwicklung ist ein sehr abruptes Wachstum der Städte hinsichtlich ihrer Bevölkerung und Ausdehnung, jedoch ohne gleichwertiges wirtschaftliches Wachstum (Hyperurbanisierung). Das Gegenstück dazu stellen die Industrieländer dar mit ihrem kontinuierlichen Wachstum bis Mitte des 20. Jahrhunderts dar, welches heute stagniert oder sogar rückläufig ist.

Für die Metropolen und Megastädte vor allem der „Dritten" Welt ist ein dichtes Netz an Problemfeldern zu beklagen. Dringliche Brennpunkte sind etwa unkontrolliertes Siedlungswesen, informelle Ökonomien, Arbeitslosigkeit, zunehmende Ressourcenverknappung und extrem belastete Ökosysteme (Heintel, Spreizhofer 2001). Aber auch in Metropolen und Megastädten der Ersten Welt ist eine Polarisierung der Gesellschaft festzustellen, welche Gewinner und Verlierer hervorbringt.

Die Metropolisierung ist heute zu einem weltweiten Phänomen geworden, im Gegensatz zur Megapolisierung. Bislang weisen 100 von 132 Staaten mit über 3 Mio. Einwohnern mindestens eine Millionenstadt auf. Megastädte existieren bis heute 45, welche sich auf 28 Staaten verteilen (Bronger 2004).

Die demographische Dominanz der Metropolen und Megastädte in den jeweiligen Ländern stellt ohne Zweifel ein wesentliches Raumstrukturelement dar. Allerdings kann sie kein alleiniges Kriterium für die Bedeutung einer Stadt als Metropole sein. Die zweite wesentliche Komponente ist die funktionale Dominanz der Metropolen. Hier liegt auch der entscheidende Unterschied zwischen Metropolen bzw.

Megastädten der Ersten und der Dritten Welt. Die hohe funktionale Vormachtstellung, welche charakteristisch für Dritte-Welt-Metropolen ist, wird von keiner Metropole eines Industrielandes erreicht. Diese Dominanz gilt allerdings nur auf nationaler Maßstabsebene. In internationaler oder globaler Maßstabsebene nehmen ausschließlich Industrieländer-Metropolen wichtige Rollen ein.

Wir leben in einer Zeit gigantischer weltweiter Verstädterung. Bis ins Jahr 2025 werden voraussichtlich 75% der Bevölkerung der Industrieländer und rund 50% der Bevölkerung der Entwicklungsländer in städtischen Ballungsräumen leben (Heintel, Spreizhofer 2001). Es ist vorstellbar, dass sich Megastädte mit 20 oder 30 Mio. Einwohnern entwickeln. Die meisten davon werden in den Entwicklungsländern liegen. Solche Größenordnungen hat es in der Geschichte der Menschheit bislang noch nie gegeben. Vor allem Asien wird von diesem Trend betroffen sein. Im Jahr 2015 werden voraussichtlich 153 von 358 Millionenstädten, also fast die Hälfte in Asien zu finden sein. Von den 27 Megastädten mit mehr als 10 Mio. Einwohnern werden 15 dort liegen (Häussermann 2002).

Glossar:

Demographische Primacy: Damit ist der hohe, in den Entwicklungsländern noch schnell zunehmende Anteil der in einer oder wenigen Metropolen lebenden Bevölkerung an der Gesamtbevölkerung. Wird durch die Metropolisierungsquote ausgedrückt (nach Bronger 2004)

Edge City: Darunter werden außerhalb der Kernstädte in verkehrsgünstiger Lage angelegte Bürozentren mit mehr Arbeitsplätzen als Einwohnern verstanden. Sie finden sich Großmetropolen der USA wieder (nach Brongern 2004).

Funktionale Primacy: Darunter wird die ausgeprägte funktionale Dominanz (zusätzlich zur demographischen) der Metropolen in sämtlichen allen Lebensbereichen (mit Ausnahme der Landwirtschaft) verstanden d.h. wirtschaftlich (Industrie, Handel, Dienstleistungen), verkehrstechnisch (bedeutender Hafenstandort und Verkehrsknotenpunkt), politisch-administrativ (Hauptstadtfunktion und politische Machtzentrale) und sozial-kulturell (hochrangige Gesundheits-, Bildungs-, und sonstige kulturelle Einrichtungen) (nach Bronger 2004).

Gentrifikation: Darunter wird ein stadtteilbezogener Aufwertungsprozess verstanden, welcher auf der Verdrängung unterer Einkommensgruppen durch den Zuzug wohlhabender Schichten basiert und zu qualitativen Verbesserungen im Gebäudebestand führt (nach. Heineberg.)

Global Cities: Megastädte, die vor allem ökonomisch weltweite Bedeutung haben beispielsweise durch den dort ansässigen Finanzmarkt, den Handel oder die Politik.

Hyperurbanisierung: Darunter wird überstürzte Urbanisierung ohne begleitendes ökonomisches Wachstum verstanden. Sie ist charakteristisch für die Urbanisierung in der „Dritten" Welt

Megalopolis: (auch Megalopole) Eine Riesenstadt oder Stadtlandschaft, die als Folge des Zusammenwachsens großer verstädterter Zonen entsteht. Ein einer

Megalopolis ist der Prozess der Suburbanisierung weit fortgeschritten (Heintel, Spreizhofer 2001).

Metropolisierungsgrad: Anteil der in Metropolen lebenden Bevölkerung an der Gesamtbevölkerung der Bezugsregion z.b. eines Landes oder Erdteils (nach Bronger)

Metropolisierungsrate: Zunahme des jeweiligen Anteils der metropolitanen Bevölkerung (nach Bronger)

Pull-Faktoren: Summe der Anziehungskräfte eines Gebietes für Zuwanderer

Push-Faktoren: Summe der abstoßenden Kräfte eines für Abwandernde

Squattersiedlung: Spontan, ohne rechtliche Erlaubnis der Behörden auf fremdem Boden errichtete Hüttensiedlung (nach Bronger 2004).

„take-off"-Stadium: (auch Startgesellschaft) Bezieht sich auf das Wirtschaftsstadium einer Gesellschaft in welcher der Übergang zum entscheidenden eigendynamischen Wachstum innerhalb der Gesellschaft stattfindet. England durchlief dieses Stadium ab Ende des 18. Jh.s, Frankreich, Belgien, USA und Deutschland um die Mitte des 19. Jh.s, Japan, Russland und Kanada um die Wende zum 20. Jh.s. Schwellenländer wie z.b. die Türkei, Argentinien oder Mexico durchlaufen es erst ab ca. 1940 (nach Heineberg).

Urban Entertainment Center: Sie können als Weiterentwicklung von Shopping-Malls gesehen werden. An die Einzelhandelsfunktionen werden Freizeitfunktionen gekoppelt (z. B. Themengastronomie, Multiplexkinos, etc.) (nach Bronger 2004)

Urbanisierungsquote: Anteil der Stadtbevölkerung an der Gesamtbevölkerung eines Bezugsgebietes. Wird auch Urbanisierungsrate genannt (nach Heineberg)

Quellenverzeichnis:

Bähr J.: Entwicklung von Urbanisierung. www.berlin-institut.org, 03.11.2005

Bronger D.: Metropolen, Megastädte, Global Cities. Die Metropolisierung der Erde. Wissenschaftliche Buchgesellschaft, Darmstadt 2004

Fassmann H.: Urbanisierung: Entwicklung – Ursachen – Ausblick. www.berlin-institut.de, 03.11.2005

Hall P.; Pfeiffer U.: Urban 21. Deutsche-Verlags-Anstalt GmbH, Stuttgart München, 2000

Häußermann H.: Metropolen im Vergleich. FernUniversität in Hagen, 2002

Heineberg H.: Grundriß Allgemeine Geographie: Stadtgeographie. Ferdinand Schöningh, Paderborn 2001

Heineberg H.: Einführung in die Anthropogeographie/Humangeographie. Ferdinand Schöningh, Paderborn 2003

Heintel M.; Spreizhofer G.: Megacities. In: Wirtschafts- und sozialgeographische Themenhefte, Ed. Hölzel, Wien 2001

Kiecol D.; Schmelztiegel und Höllenkessel. Aufbau-Verlag GmbH, Berlin 1999

Lanz S.; Becker J.: Metropolen. Rotbuch 3000, Hamburg 2001

Mertins G.: Städtische Entwicklung im globalen Bereich. www.berlin-institut.de, 03.11.2005

Peters A.: Die Verstädterung und ihre Probleme. www.weltbilder.de/html/stadt.htm, 15.10.2005

Terra-Alexander-Datenbank: Infoblatt Metropolisierung. Klett-Perthes, Gotha 2003, www.klett-verlag.de/geographie/terra-extra, letzte Bearbeitung: 11.11.2003

Von Petz U.; Schmals K.(Hrsg.): Metropole, Weltstadt, Global City: Neue Formen der Urbanisierung. Dortmunder Beiträge zur Raumplanung 60